# TRAITÉ GÉNÉRAL

DE LA CULTURE

# DU POMMIER.

# TRAITÉ GÉNÉRAL

DE LA CULTURE

# DU POMMIER,

AVEC DES INSTRUCTIONS

Sur son origine et les terrains qui lui conviennent; notions sur cet arbre; observations sur les semis, la plantation, les différentes greffes, la taille en général, la récolte, la conservation des diverses espèces de pommes, leurs qualités et propriétés, et enfin sur la manière la plus économique et la plus avantageuse de cultiver cet arbre;

Dédié à M. le vicomte Achille de Morogues

PAR

**M. BERNIAU,**

HORTICULTEUR-PÉPINIÉRISTE, AUTEUR DE PLUSIEURS OUVRAGES D'HORTICULTURE.

ORLÉANS,

IMPRIMERIE DE PELLISSON-NIEL,

RUE D'ESCURES, N° 3.

1841.

On trouve chez l'auteur, à **Orléans**, **rue des Anguignis**, **n° 20**, toutes espèces d'Arbres fruitiers, forestiers, et de **Plantes annuelles** et vivaces pour jardins.

## A Monsieur le vicomte Achille de Morogues.

Monsieur,

Tout ce qui tend à accroître la richesse des produits de la terre a toujours mérité l'approbation des esprits éclairés; il ne faudrait pas remonter jusqu'aux traditions de l'histoire pour pouvoir citer des hommes célèbres par le rang, les vertus et les lumières, qui se sont honorés des soins et des travaux de l'agriculture, autant que leur exemple l'a illustrée.

Encouragé par cette vérité, dont votre père M. le baron de Morogues se plaisait à offrir un si noble modèle, et par la bienveillance que votre maison a toujours accordée aux arts utiles, j'ose espérer, Monsieur, que vous voudrez bien accepter la dédicace de cet ouvrage, fruit de longues années d'expérience, dont le but est d'une utilité véritable, et qui ne peut manquer d'obtenir l'intérêt des lecteurs, surtout à la faveur de l'appui que lui prêtera votre nom.

Veuillez agréer,

Monsieur,

Les respectueuses salutations de votre très-obéissant serviteur,

Mathieu Bernieau.

# PRÉFACE.

Cet ouvrage est le seul qui traite de la culture du pommier d'une manière aussi détaillée *. Bien des auteurs, en parlant de la culture des arbres fruitiers en général, ont donné quelques notions sur chacun d'eux; mais ils n'ont jamais pu s'étendre aussi longuement que je le fais sur cette seule espèce, car il leur aurait fallu remplir un trop grand nombre de volumes. Pour moi, je me suis spécialement attaché à la culture du pommier, dans l'intention d'éclairer un grand nombre de propriétaires qui possèdent des terres très-propres à la végétation de cet arbre fruitier. On se pénétrera, à la lecture de ce traité, des nombreux avantages qu'on peut tirer du pommier, tant pour l'utilité que pour l'ornement. Personne n'ignore, en effet, les immenses ressources qu'on trouve dans l'usage de son fruit, dont on exprime un excellent cidre, qui fournit une boisson des plus goûtées et des plus agréables aux habitans

* Tel est le mode que je me propose de suivre dans la publication postérieure de plusieurs opuscules sur les différentes espèces d'arbres forestiers appropriés à la Sologne particulièrement.

de la Normandie, du Perche, du Mans, et de bien d'autres pays. On doit se rappeler en un mot que si la pomme sert à l'ornement de la table du riche, elle est aussi d'une grande consommation dans nos ménages, et qu'enfin, soumise à l'art du confiseur, elle alimente une branche assez considérable de cette industrie.

Si je suis parvenu, comme j'en ai toujours eu le désir et l'espoir, à faire partager à mes compatriotes, par la publication de ce petit ouvrage, les bons résultats d'un longue expérience dans ce genre de culture, mon but sera totalement rempli; car le seul honneur que je veuille jamais briguer est d'être de quelque utilité à mon pays.

# INTRODUCTION.

Honneur au génie observateur qui, le premier, d'une main enhardie par l'espérance, découvrit le secret de la greffe, constata l'utilité de son application et, bienfaiteur de l'agriculture, la dota d'un aussi merveilleux pouvoir : honneur à lui, soit que, lors des premiers essais, son intelligence en ait pressenti la réussite, soit qu'il ait été assez heureux pour en rencontrer l'exemple dans une de ces combinaisons infinies que la nature prodigue chaque jour à nos yeux. Honorons-le sans le connaître, car nous ignorons à qui nous devons cet heureux présent : l'antiquité la plus reculée, en nous parlant de ce triomphe de l'art sur la création, ne peut nous en révéler l'origine.

Pourquoi faut-il que l'histoire, si souvent destinée à troubler notre cœur par le récit d'actions dignes de louanges ou de blâme, ait été assez peu soucieuse du bien-être de l'humanité pour ne point mentionner l'auteur de cette découverte, et ne pas laisser aux siècles qui l'ont suivie le soin de récompenser par une célébrité dignement acquise l'homme qui avait ainsi maîtrisé la nature.

---

Les arbres ne sont qu'un composé de matières hétérogènes plus ou moins adhérentes entre elles, plus ou moins solides, suivant leurs diverses natures. Dans l'état de putréfaction ou de séparation des molécules qui les composent, ces parties deviennent d'une extrême divisibilité et ne forment plus qu'une espèce de terreau dans lequel croissent d'autres arbres qui, détruits à leur tour par l'action du temps, doivent également devenir terreau, et par conséquent contribuer à la germination des graines, à la formation des tiges, à la nouriture des branches que la nature et l'art, par le moyen de la greffe, parviendront à développer sur ces tiges nouvelles.

Mais? par quel mécanisme s'opère l'adhésion de la greffe au sujet; adhésion si forte, que, dans certains arbres, le point où leur union a lieu offre plus de dureté et de résistance que dans les autres parties du sujet ou de la tige que la greffe elle-même à produite.

Interrogeons la nature, essayons de soulever le voile dont elle se couvre; suivons-la dans la production, dans le prolongement d'un rameau. Nous trouverons d'abord un faisceau cylindrique composé de fibres dirigées dans toute sa longueur, et entre lesquelles monte la sève. Veut-elle former un bouton, une portion de ces fibres se détourne des différentes parties de la circonférence vers un seul et même point; il s'y forme une protubérence, il en sort une feuille: son pédicule est soutenu par un support qui se gonfle insensiblement, et d'où n'ait un œil que la feuille abrite et nourrit.

Disséquons ce rameau, si l'on peut s'exprimer ainsi, suivons au miscrocope la formation et l'accroissement successif de cet œil; nous voyons que ces fibres ont des ramifications qui augmentent à mesure que la plumule est disposée à prendre de la croissance. La greffe en écusson, par exemple, offre à peu près la même merveille. La plaie faite au sujet force la sève à refluer; elle pénètre dans les canaux du bouton, qui s'unit et se soude ainsi au sujet, soit que la sève dirige les fibres de ce dernier et les prolonge dans le bouton, soit que celles du bouton pénètrent le sujet et s'y implantent. On retrouve, dans la dissection d'une greffe reprise le même phénomène qui unit le bouton à la branche. Ce n'est point, comme on l'a pu croire, une simple application, c'est une implantation réciproque des fibres.

Lorsqu'un accident a séparé nos chairs, leur rapprochement rétablit ou renouvelle une communication des vaisseaux lymphatiques et sanguins. Cette espèce de soudure ne suffirait pas à des greffes qui doivent, par la nature de leur exposition, résister aux ouragans et aux tempêtes. Si l'on observe les arbres, lorsque la greffe a pris quelque consistance, on remarquera que ce point sera celui de l'arbre qui offrira le plus de résistance au vent, et qui cassera le plus rarement, à quelques exceptions près, comme dans les greffes de l'acacia rose, circonstance qui tient à d'autres causes. Cette résistance ne peut donc venir, dans cette partie de l'arbre, que de l'augmentation des fibres, et non d'un simple rapprochement analogue à celui de nos chairs : on peut encore mieux comparer cette implantation à ces espèces de racines, à ces embranchemens que forment les ergots.

Mais, pour que cette fusion, cette union réciproque des fibres ait lieu, il est nécessaire et indispensable qu'il y ait un rapport mutuel entre la greffe et le sujet; plus leur analogie paraît grande, plus le succès de la greffe est assuré. La théorie de la greffe consiste donc principalement dans la connaissance de ces rapports, de même que sa pratique consiste dans les perfectionnemens qui peuvent être apportés à leur application.

L'agriculture est bien loin de posséder ces notions théoriques et pratiques dans toute l'étendue qu'elles peuvent comporter : à peine peut-on se flatter de connaître un très-petit nombre de résultats favorables du rapprochement de quelques végétaux entre eux. La science, dont le domaine est si riche en découvertes utiles, en est réduite même à ne pouvoir soupçonner, sous ces deux rapports, les merveilleux secrets que devront approfondir les générations futures, qui, revenues à leur tour de l'étonnement que leur auront causé les découvertes qu'elles auront faites, ne verront devant elles qu'un champ immense encore à défricher.

# TRAITÉ GÉNÉRAL

SUR LA

# CULTURE DU POMMIER.

## ORIGINE DU POMMIER.

C'est au pommier sauvage qu'il faut rapporter les variétés nombreuses et utiles qui décorent nos jardins et nos vergers.

Le pommier qui croit à l'état naturel dans les terres fortes et fraîches de nos forêts est armé d'épines et ne donne que des fruits âpres, rares et de peu de volume. Dans les mains du cultivateur, cet arbre a changé de port, il s'est dépouillé de ses épines, et ses fruits, devenus plus gros, plus doux et plus abondans, ont acquis une saveur et des propriétés différentes. De ces fruits améliorés par la culture, beaucoup d'espèces contribuent, pendant une grande partie de l'année, à l'ornement de nos desserts ; les autres espèces, d'une nature plus sauvage, plus acide, procurent, par la fermentation, une boisson saine et rafraîchissante.

Le pommier cultivé reçoit les formes que lui impose l'art, soit qu'on le taille en espalier, en contre-espalier, en vase, en plein vent, ou en quenouille ; souvent il reste nain et forme des massifs et des quinconces qui, par leur aspect, séduisent l'œil du propriétaire en même temps qu'ils promettent d'en satisfaire le goût. Abandonné à lui-même, dans les vergers, il devient géant, se couronne d'une belle tête, en poussant des branches nombreuses, que leur propre poids et celui des fruits qu'elles supportent font pencher souvent jusqu'à terre. Ses feuilles, toujours alternes, dentelées, pâles et velues en dessous, un peu rudes, quoique luisantes quelquefois en dessus, varient pour la grandeur et la forme, ses fleurs, réunies en bouquet au bout des jeunes rameaux, s'y rattachent par des pédicules assez courts; elles sont annoncées par des boutons d'un rouge carmin vif, qui, en s'épanouissant au mois de mai, donnent issue à cinq pétales blancs teintés de rose, entourant les étamines et cinq styles; il leur succède des fruits qui diffèrent, selon les variétés, en grosseur, en couleur, en saveur et en forme, quoique cette forme soit à peu près toujours sphérique, avec ou sans cannelure, et applatie aux deux côtés de la queue et de l'ombelle.

Les variétés nombreuses du pommier se multiplient par les greffes, soit en écusson à œil dormant, soit par l'écusson en fente, en couronne, sur des sujets appartenant aux mêmes espèces. Les pommiers provenant de semis de pepins sont les meilleurs pour la greffe et pour donner des arbres à haute tige.

*Observations sur les semis de pepins de pommes à couteau, et sur la différence qui existe entre ce pepin et celui de pommes à cidre de Normandie.*

Quelques pépiniéristes sèment, chaque année, une grande quantité de pepins de pommes qu'ils tirent de Normandie, et qu'on recueille dans les maisons et les fermes où la consommation et la fabrication du cidre est considérable. Le semis se fait en mars, dans un terrain bien bêché, bien ameubli, qu'on dresse ensuite au rateau. Si le terrain est léger, on couvre le semis nouvellement fait de terreau bien consommé, dans la crainte que les arrosemens et les pluies ne forment une croûte qui empêcherait le germe de percer le sol.

Si la terre est forte, au contraire, et qu'on n'ait point à redouter les inconvéniens dont nous venons de parler, on pourra, dans le mois de novembre ou décembre, porter sur l'emplacement des semis du fumier qu'on enterrera à la bêche; et, au mois de mars suivant, lorsque le sol sera bien approprié et bien ameubli, on choisira un beau jour pour semer le pepin à la volée ou par rigole.

Bien des propriétaires, qui récoltent une grande quantité de pommes, dont la plupart se gâtent dans les fruitiers où on les entasse sans soins, sans précautions, peuvent en recueillir les pepins pour les semer : ces pepins lèveront tout aussi bien que ceux de Normandie, mais les arbres qui en proviendront ne seront jamais aussi vigoureux, aussi beaux.

Cette circonstance, et les exceptions sont très-rares, ne peut avoir d'autre cause que la dégénérescence apportée dans le sujet de Normandie amélioré sous le rapport de la douceur du fruit au moyen de la greffe avec du bourgeon de pomme à couteau. Le pepin provenant de ces deux natures mélangées ne saurait produire un arbre aussi fort, aussi beau, puisque tout l'avantage de la greffe qui lui a donné naissance n'a tourné qu'à l'amélioration du fruit, au détriment du tronc et des rameaux. Il arrive souvent aussi que la greffe refuse, l'écorce n'étant pas assez lisse et la sève ne circulant pas assez activement dans les canaux.

*Préférence qu'on doit accorder au pepin de pommes de Normandie sur le pepin de pommes à couteau pour obtenir de nouvelles variétés.*

Le pepin de Normandie donne toujours de très-beaux sujets, parmi lesquels on en rencontre à gros bois, à petit bois, et enfin à bois noir, que l'on prendrait, sous ce rapport, pour des pommiers d'api. Ce même pepin, abandonné à lui-même, sans avoir recours à la greffe, produit constamment de nouvelles variétés.

En 1825, l'auteur de cet ouvrage vendit, pour être planté dans une pépinière du département du Cher, du plan de pepin de Normandie. Cette pépinière fut bien soignée par le propriétaire, homme très-intelligent; mais l'époque de la greffe étant arrivée, ce même propriétaire, qui en ignorait les détails, priva ses arbres de ce bénéfice, et les laissa produire leur fruit naturel. Plusieurs de ces arbres ont rapporté après six années de plantation; parmi eux il s'en est trouvé qui ont donné un fruit d'une grosseur énorme : cette nouvelle espèce était blanche, la peau en était lisse, la chair d'un goût exquis; en un mot, ce fruit était aussi savoureux que la reinette franche. Nul doute que si ce nouveau produit avait été présenté à quelque exposition d'horticulture, il eût été classé et aurait pris rang parmi les autres variétés que nous devons également au hasard.

Lorsque l'on voudra conserver du plan de pommier pour obtenir des variétés nouvelles, on devra choisir, dans le jeune plan d'un an ou deux, les tiges qui paraîtront les plus vives et les mieux portantes. On les placera sans les tailler, en courbant le bois comme pour les palissader, on les attachera en les soutenant avec des charniers ou tuteurs, au moyen d'osiers, et l'on ne taillera ces tiges que lorsqu'elles commenceront à produire des boutons à fruit; car cet arbre, n'étant point greffé, ne rapporte que longtemps après la plantation.

C'est par ce moyen qu'à été obtenue la belle et nombreuse collection de variétés qui existe et que l'art augmente chaque année.

### OBSERVATIONS RELATIVES A LA TAILLE DU POMMIER.

Tous les arbres tendent à s'élever, c'est une loi de la nature qui les portes à rechercher l'influence fécondante du père de la végétation : la preuve en est acquise par la direction verticale des branches qui semblent fuir le froid et l'humidité de la terre, pour aller, en plongeant dans l'atmosphère, chercher une température qui soit propre à leur développement. Si les branches inférieures d'un arbre en plein vent prennent par la suite une direction horizontale ou même plus inclinée, c'est que, pour se soustraire à la domination des branches supérieures qui s'opposent à leur élévation et les privent des bienfaits de l'air et du soleil, elles s'allongent trop à proportion de leur grosseur, et, n'ayant plus d'appui qu'au point de leur insertion dans le tronc, leur poids les fait pencher nécessairement.

La hauteur d'un pommier en espalier ayant pour régulateur la hauteur d'un mur ou treillage, qu'il ne lui sera pas permis de dépasser, il faut dédommager la nature contrariée sur ce point, et donner en largeur à l'arbre l'étendue qu'on lui refuse en hauteur. Vouloir réduire à dix ou douze pieds de surface un arbre vigoureux planté dans un bon terrain, c'est vouloir témérairement contrarier la nature, c'est vouloir ce qui ne peut s'exécuter qu'en défigurant et en ruinant cet arbre par un traitement contraire au bon sens, par des retranchemens excessifs, des mutilations et des plaies multipliées.

La plus grande masse de la sève s'élevant vers le haut de l'arbre et son action étant plus ou moins grande, selon qu'il s'y trouve des canaux plus verticaux ou plus obliques, les branches inférieures n'en reçoivent que très-peu, comme de petits ruisseaux qui, détachés de la masse d'un grand courant, s'échappent par des saignées pratiquées sur ses bords.

Puisque la sève se porte avec plus d'abondance et d'activité vers le haut de l'arbre, et qu'elle fortifie beaucoup plus les branches verticales que celles qui sont inclinées ou qui s'échappent horizontalement du tronc, il est important d'user de toutes les ressources de l'art pour modérer son effet dans le haut de l'arbre et l'augmenter dans la partie inférieure, afin d'entretenir autant que possible l'équilibre entre ces deux parties. On devra surtout ne souffrir dans la partie supérieure aucune forte branche verticale, de peur qu'elle ne profite avec excès au détriment des autres.

Enfin, en théorie générale, de même qu'un cours d'eau coule plus rapidement lorsque son lit est droit et sans obstacles, de même la sève monte plus rapidement aussi dans les branches droites et unies que dans celles qui forment des coudes, qui ont des nœuds, des calculs, des chicots ou des bourlets. On doit donc, par conséquent, s'attacher à corriger ces défauts, à retrancher ces obstacles au cours de la sève dans les canaux qu'ils rétrécissent et embarrassent quelquefois au point d'arrêter son mouvement d'ascension. Ce travail est particulièrement intéressant pour les branches inférieures des arbres dans lesquelles le peu de sève en circulation doit au moins trouver des canaux libres. Le cultivateur, sous peine de se voir taxer d'incurie ou d'ignorance, devra s'occuper attentivement de ces soins à donner à ses plantations.

Si la répartition inégale de la sève entre les branches hautes et basses d'un arbre produit la différence de leurs forces, la direction plus inclinée des dernières y contribue puissamment aussi. Des expériences souvent répétées prouvent jusqu'à l'évidence que le principe de leur faiblesse et de leur dépérissement est dans leur position au-dessous des autres, qui les prive de l'abondance des rosées et de la chaleur du soleil. Le seul moyen de prévenir le vide qu'occasionnerait très-certainement un branche inférieure saine, et qui bientôt céderait à l'influence fatale des branches supérieures, consisterait à l'y soustraire en employant la force, sans songer à la direction première, et, en l'inclinant un peu moins, à la fixer à quelque échalas ou charnier planté en terre, de sorte qu'elle ne soit pas couverte par les branches supérieures. Ainsi traitée, cette branche reprendra sa force, sa vigueur. Il en sera de même pour un bourgeon percé à propos dans le bas de la tige, et qu'on destinera à remplir un vide occasionné par les accidens ou les maladies ; si on l'attache, aussitôt que sa longueur le permettra, à l'espalier, il prendra peu de force d'abord; mais si, pendant les deux années qui suivront sa naissance, on parvient, par une suite de soins faciles, à le soustraire à l'influence des branches supérieures, quoique dans une direction très-oblique, il deviendra fort et remplira avantageusement le but auquel on le destinait.

Cette pratique, très-utile, comme on le voit, est une de celles qui sont le plus ignorées ou du moins le plus négligées.

### *Epoques et manière de tailler le pommier.*

L'espèce et l'état des arbres déterminant le temps de leur taille, le pommier, dont la moëlle est compacte et le bois à l'épreuve des gelées de notre pays, peut être taillé depuis le commencement de la chute des feuilles jusqu'au premier mouvement de la sève, au mois de mars; cependant, pendant les mois rigoureux de l'hiver, on fera bien de ne point tailler, on devra également s'abstenir de cette opération pendant toute pluie qui surviendrait à cette époque, cette eau, qui peut être convertie subitement en verglas, ruinerait l'œil terminal de la taille, ou l'endommagerait assez pour ne lui permettre de produire qu'un bourgeon faible.

### *Nécessité de la taille.*

Le pommier produisant de lui-même, et sans le secours de l'art, toutes les branches à bois nécessaires à son agrandissement et les branches à fruit, de nombreux propriétaires négligent les soins nécessaires à la culture de cet arbre et pensent que livrés à la nature ils réussiront mieux que torturés par la main de l'agriculteur; ils poussent l'oubli de leurs intérêts jusqu'à se demander s'il ne suffirait pas, pour les arbres en espaliers, de supprimer les branches trop nombreuses et trop rapprochées. L'expérience devra leur démontrer qu'il n'en est point ainsi, et que la taille est d'une absolue nécessité; car il est bien rare que, sur un pommier qu'on prive de cette opération essentielle, tous les yeux s'ouvrent et viennent à point. Les yeux placés vers l'insertion des branches, surtout, demeurent ordinairement fermés, en sorte qu'une portion de chaque branche, et qu'en somme une grande partie de l'arbre entier devient inutile à la production. En raccourcissant, au contraire, les branches par une taille bien entendue, on diminue le nombre des yeux, et la sève, qui ne monte pas en moins grande quantité dans les arbres taillés que dans ceux qui ne l'ont point été, se trouve répartie de manière à faire ouvrir tous les yeux et à les rendre utiles, ce qui est le point important pour tout arbre dont les dimensions sont réduites à une simple superficie.

La taille est donc nécessaire pour faire d'un arbre un tapis régulier et pour semer sur toute sa surface des fruits succulens et nombreux; elle est d'autant plus urgente que les deux buts auxquels elle permet d'atteindre sont aussi indispensables au cultivateur qu'ils sont différens, le premier étant de faire naître à de moindres distances les unes des autres les branches à bois, en évitant toutefois la confusion dans cette production nécessaire pour garnir l'espalier; le second servant à convertir en branches à fruit et à déterminer à cet usage tous les yeux qui ne sont pas nécessaires à la production du bois, afin de tirer d'un arbre tout le produit possible et de n'en laisser aucune partie oisive.

### *Palissage du pommier.*

Le palissage est une opération plus opposée encore que la taille à la pousse naturelle des arbres qui demandent à élever leur tête et à étendre leurs branches en sens contraire. Son but et de rendre un arbre agréable à l'œil par l'ordre et la symétrie qu'elle met dans toutes ses parties, de préserver ses branches de la violence des vents, d'augmenter ou de modérer l'action de la sève, et, suivant le cas, de le rendre plus fécond et de procurer à ses fruits une maturité plus prompte, plus parfaite, ainsi que des couleurs plus brillantes. Ses règles principales consistent à étendre droites toutes les branches, afin qu'elles ne soient ni coudées ni tortueuses; à placer à des distances égales entre elles les principales branches, en ayant soin de les rabaisser d'année en année, suivant le besoin, pour regarnir le bas de l'arbre, et fournir l'espace convenable pour l'inclinaison qu'on désirera donner aux branches supérieures. Ainsi, en supposant qu'un arbre n'ait point une forme régulière, et que cependant les branches auxquelles il donne naissance puissent être placées sans confusion, car ce défaut serait plus préjudiciable aux rameaux et aux fruits, qui s'étioleraient, que les vides de l'arbre ne seraient désagréables à la vue, si l'un des rameaux prend une mauvaise direction, on devra le corriger et pour cela le rapprocher de la branche-mère en les joignant au moyen d'un lien d'osier, et en diminuant ainsi l'angle qu'il formait par sa mauvaise direction. Les détails de cette petite opération sont moins susceptibles d'être enseignés par des règles précises qu'ils ne sont une affaire d'intelligence, de réflexion et de bon sens : en effet, ne point trop serrer le lien d'osier, ne le pas faire passer sur les yeux, qu'on a le plus grand intérêt à ménager, amener doucement les branches au point où elles doivent être fixées, sans les forcer; ne les pas faire croiser non plus sans nécessité, sont des avis qui ne pourraient regarder tout au plus que des maladroits.

### *Ébourgeonnement.*

Au mois de juin, selon que l'année est plus ou moins avancée et que les arbres ont plus ou moins souffert des froids de l'hiver, on devra procéder à l'ébourgeonnement. Cette opération, plus importante que la taille même, plus décisive pour le produit futur de l'arbre, demande beaucoup de discernement, et d'autant plus de légèreté et d'adresse dans la main qu'elle a lieu sur des bourgeons cassans, qui, placés sur le devant et le derrière d'un arbre en espalier, se détachent aisément, et peuvent atteindre dans leur chute des fruits naissans auxquels la moindre secousse devra porter un grand préjudice.

### Principes généraux des différentes greffes du pommier.

La greffe sert à multiplier et à conserver sans altération les individus d'espèces précieuses, en les faisant adopter par un sauvageon, ou par les rudimens d'une branche d'arbre franc. Les greffes se font en diverses saisons et de diverses manières, d'où elles tirent leurs noms.

### *Greffe à écusson à œil dormant.*

Avant de traiter de ce genre de greffe, il est indispensable de parler de l'instrument nécessaire pour opérer le rameau sur lequel on doit choisir l'écusson, de la manière de lever ce dernier, de le placer, de l'attacher, et sur les soins qu'il demande.

On a donné le nom générique de greffoir ou couteau à greffer à l'instrument à l'aide duquel on écussonne. Le défaut des greffoirs est souvent d'être trop grands, trop étroits, lourds, gênans, d'une mauvaise qualité ou d'une mauvaise trempe; ils s'émoussent facilement, et lorsqu'on s'en sert dans cet état, l'opération est vicieuse ou du moins n'a jamais la plénitude de succès qu'on en devait attendre.

On ne saurait apporter trop de soins relativement au choix des rameaux sur lesquels on se propose de lever les greffes. Il faut que les branches qui les auront fournies soient bien aoûtées, les boutons bien fermes, sans quoi les rameaux qui en proviendraient seraient faibles, languissans et prendraient difficilement une bonne direction. Si les greffes ont été prises sur les branches latérales, on devra choisir celles qui ont poussé avec le plus de force, et qui s'élèvent le plus verticalement possible; si on les a levées sur des gourmands, les rameaux auxquels elles donneront naissance pousseront vigoureusement mais ils ne rapporteront qu'avec peine : le contraire arrivera si le bourgeon a été pris sur des lambourdes; les rameaux produiront plutôt mais ils manqueront de vigueur et d'étendue.

On a vu souvent des greffes provenant d'un écusson à œil triple fleurir dès le début, végéter et périr ensuite. Lorsqu'on a coupé le bourgeon qu'on destine à la greffe, il faut aussitôt en retrancher les parties supérieures et tous les boutons inutiles, supprimer les feuilles en ne leur laissant qu'une partie de leur pédicule ou queue, afin que la sève ne puisse monter dans le bourgeon, ce qui épuiserait les boutons.

Si le temps ne permettait pas de faire les greffes de suite, il faudrait enfoncer le bourgeon à la profondeur d'un pouce environ dans une terre humide, ou dans un mauvais concombre ou melon, et dans un lieu bien abrité. L'usage de le mettre dans l'eau jusqu'à ce qu'on l'emploie est dangereux, car l'eau détrempe à un trop haut degré la partie muqueuse au moyen de laquelle se colle l'écusson : d'ailleurs le bouton, étant trop abreuvé, n'a plus autant de force d'attraction que lorsqu'il est affamé.

Il faut, pour lever un écusson, commencer, avec la lame du greffoir à couper l'écorce à environ six lignes, transversalement au-dessus de l'œil qu'on veut employer; ensuite, de chaque côté, en descendant, on coupe également l'écorce avec la pointe du greffoir, de façon que l'incision aille se terminer en pointe au milieu du rameau, à environ un pouce d'étendue. La largeur de l'écusson doit être proportionnée au diamètre du sujet sur lequel on doit l'appliquer. S'il se trouvait trop large, on y remédierait au moyen du greffoir.

L'écusson s'enlève facilement, si le rameau est bien en sève; en soulevant le bord de son écorce et en poussant avec le doigt, l'œil se détache du bois. Si, par hasard, une partie du bouton adhère à ce bois, ce qu'on peut apercevoir en examinant le rameau, il est rare que la greffe prenne, parce que ce qui reste du bouton est trop enfoncé dans l'écorce et ne saurait s'appliquer assez intimement sur le sujet qu'on greffe. S'il y avait trop de bois, on le retrancherait avec le greffoir; celui qui se trouve dans le haut du bourgeon préparé s'enlève facilement en passant la lame entre l'écorce et le bois, qui se casse ordinairement à la base supérieure du bouton; mais il n'en serait pas de même pour le bois de la partie inférieure, si l'on employait le même moyen, ce bois entraînerait très-certainement avec lui une partie du bouton; on ne peut donc, pour remédier à cet inconvénient presque inévitable, que couper au-dessous du bouton, en descendant; cette opération demande de l'attention et de l'adresse : Il faut du reste y apporter beaucoup de promptitude, de peur que le contact trop prolongé de l'air ne dessèche ou n'altère ce germe déjà si faible. Il vaudrait mieux, en tous cas, laisser un peu plus de bois, ce qui ne nuirait pas absolument à la reprise de la greffe, si elle possède les autres conditions de réussite, quoique l'expérience prouve que ce bois s'identifie moins facilement avec le sujet qu'avec l'écorce.

L'incision nécessaire à cette greffe peut se faire de deux manières, en figurant un T ou un ⊥ renversé: on n'emploie ordinairement dans les pépinières que le premier mode d'incision. On attache l'écusson avec de la filasse de chanvre, mais mieux avec de l'écorce d'osier ou de la laine, on commence par couvrir avec une extrémité du lien la coupe transversale, on fait deux tours au-dessus de l'œil, de manière que cette extrémité se trouve retenue par le second tour, et on continue à descendre en spirale. Lorsque l'incision longitudinale se trouve recouverte au-dessous de l'œil de l'écusson, on fixe le lien en faisant passer le second bout sous l'anneau que forme le dernier tour. De cette manière il ne reste d'exposé à l'air que l'œil. Si on laissait subsister d'autres vides, l'écorce du sujet se retirerait, se gercerait, formerait des poches, et, conséquemment, la greffe, à moins d'une vigueur extraordinaire, exposée au hâle ou à la pluie, ne tarderait pas à périr.

### *De la greffe en fente.*

A la fin de l'exploitation d'une pépinière, il reste souvent des arbres tardifs, qui ont poussé d'autant plus lentement que l'ombre et la vigueur de leurs voisins leur étaient plus funestes. Ces arbres, d'ordinaire, poussent une longue tige sans diamètre proportionné; ils dégénèrent et s'étiolent. Ils sont cependant susceptibles de reprendre lorsqu'on les greffe en fente, ce qui peut facilement se pratiquer quand les pépinières se trouvent dégarnies de leurs sujets les plus propres à la vente. Dans ce cas, on les greffe à la naissance de la tige, presque dans la racine, ce mode donne la facilité d'avoir des produits de toutes grandeurs.

Bien des cultivateurs, par une habitude de négligence, donnent la préférence à ce genre de greffe pour les arbres qu'ils destinent à la production des graines, et d'autres, qui veulent gagner quelques années, les font greffer dans la pépinière; j'ai donc pensé que des réflexions sur la greffe en fente seraient convenablement placées dans cet ouvrage. En parlant des différens genres de greffes, j'effleure un sujet bien intéressant, que d'autres, avant moi, ont décrit avec plus d'étendue et de talent; la greffe en fente n'est pas moins susceptible d'attirer l'attention des cultivateurs, sous le double rapport de son emploi à l'effet d'obtenir des fruits à couteau, et particulièrement des fruits à cidre, dont un sixième de la France, au moins, fait un usage journalier pour la boisson. On ne doit pas ignorer que, dans les pays où le pommier est cultivé en grand, la majorité de cette essence est greffée en fente. Les habitans vont chercher dans les bois du pommier sauvage qu'ils plantent au commencement de l'hiver dans leurs champs et leurs vergers, et ils les greffent en fente au printemps. Ces sauvageons, ainsi traités, réussissent parfaitement et parviennent à une grosseur énorme.

Néanmoins, quoi qu'il en soit des succès obtenus par ce mode de greffer le pommier, on doit à la vérité d'avouer que, de toutes les manières de greffer, celle-ci est la plus éloignée, la plus en arrière sous le rapport du perfectionnement; ce retard, sans doute, ne peut être attribué qu'à l'ignorance, aux préjugés et à l'opiniâtreté d'une routine qu'on semble généralement s'attacher à rendre immuable; car, quoi qu'on dise, la greffe en fente n'a lieu qu'au moyen d'une plaie considérable qu'on fait aux arbres, plaie qui, dans plusieurs, ne se cicatrise jamais, et les détruit ou les rend presque toujours improductifs, si la greffe ne réussit pas.

La théorie seule, bien appliquée, bien commentée par les auteurs qui se sont occupés des soins à donner aux arbres fruitiers aurait pu éclairer les agriculteurs; cette théorie a manqué ; espérons que le jour luira bientôt où le génie d'un homme de talent viendra diriger l'intelligence qui attend, et chasser la routine dont chaque année signale une défaite.

## OBSERVATIONS SUR LA PLANTATION DU POMMIER DANS LES GRANDS VERGERS.

Nous voilà parvenus presque au terme des travaux et des soins nécessaires à la culture des arbres à fruits; encore un dernier effort et les récoltes abondantes viendront récompenser l'agriculteur de ses labeurs et de ses peines. Mais nous ne devons pas oublier que, pour arriver à ce résultat, et lorsque toutes les règles d'une bonne pratique auraient été observées, il en est encore une qui, quoique venue tardivement, à notre avis, n'en est pas moins la première et la plus importante de toutes, nous voulons parler de la plantation.

C'est beaucoup, nous le pensons, que de se procurer des arbres beaux et sains, mais on doit se regarder comme bien peu avancé si une bonne plantation ne leur vient en aide et ne seconde pas les dispositions qu'ils peuvent avoir pour une production abondante et d'une qualité supérieure.

En règle générale, moins on diffère la transplantation d'un arbre, à l'époque où elle peut être faite, plus on est certain de la réussite. Beaucoup de propriétaires ont l'habitude de jeter leurs arbres dans un trou grossièrement creusé, et les abandonnent ainsi sans soins, sans façon aucune à la générosité de la nature et du climat. Qu'arrive-t-il le plus souvent, c'est que l'arbre, ainsi délaissé, bientôt envahi par les plantes parasites, épuisé par le voisinage des mauvaises herbes, s'étiole et meurt en peu d'années. On ne devra donc point négliger les façons.

Lorsque l'on plantera des arbres à fruit dans un verger ou sur le bord des chemins, comme cela se pratique dans presque toute la France, on devra les placer à douze pieds les uns des autres, afin qu'ils aient assez d'air et d'espace pour que leurs branches ne se nuisent pas mutuellement. La plantation devra se faire, autant que possible, avant les fortes gelées : dans l'hypothèse d'une année favorable, la plantation d'hiver est généralement meilleure que celle du printemps, et donne presque toujours au propriétaire la jouissance du fruit de l'année.

## NOMENCLATURE

### DES DIFFÉRENTES ESPÈCES DE POMMES A COUTEAU.

#### I. *Reinette franche.*

L'arbre est fertile, ses bourgeons, vigoureux et allongés, sont pointillés de blanc-jaune, et cotonneux; verdâtres à la partie qui se trouve dans l'ombre, le côté exposé au soleil se colore et passe au rouge-brun. Les boutons de cette espèce sont petits, leurs supports peu saillans; les fleurs, d'un pourpre foncé dans le calice, sont assez grandes et s'ouvrent bien; les pétales sont larges dans le bas, allongés et arrondis dans le haut, et marquetés d'un rouge vif en dehors; les feuilles sont petites, leur plus grande largeur est vers le milieu, elles ont une double dentelure très-prononcée; le fruit varie en grosseur suivant le terrain et l'exposition, il est aplati à ses deux extrémités et bien arrondi, sa contexture extérieure présente quelquefois des inégalités en forme de côtes : l'échancrure du calice et le pédicule, surtout, forment des cavités profondes. La peau de ce fruit devient jaune à l'époque de la maturité ; elle rougit souvent lorsque l'arbre est bien exposé ; elle est fort irrégulièrement pointillée de noir. La chair de cette espèce est cassante et jaune étant mûre, sa saveur, légèrement acidulée, est des plus agréables et lui a fait donner la préférence sur toutes les autres pommes. Elle est une de celles qui se rident le plus ; on la conserve très-longtemps.

### II. *Reinette dorée ou reinette jaune.*

C'est une sous-variété de la précédente, dont elle a à peu près tous les caractères ; elle n'offre pas dans son fruit des formes régulièrement constantes. En effet, on recueille très-souvent sur le même arbre des fruits aplatis aux deux extrémités, d'autres qui le sont très-peu, quelques-uns enfin dont la forme est allongée. La peau est d'un beau jaune pointillé de gris foncé, elle prend une teinte rouge au soleil. A l'état de maturité, elle se ride et sa chair conserve à peine un léger goût acide. Son eau est douce et sucrée. Ses feuilles, nombreuses et de taille médiocre, sont fort grandes.

### III. *Reinette grise.*

Cet arbre, quoique vigoureux, porte mal ses branches ; ses feuilles sont allongées, les bourgeons et les boutons offrent les mêmes caractères que ceux de la reinette franche, les fleurs sont moins grandes, presque blanches en dedans et panachées d'un rose léger en dehors. Le fruit, qui a son plus grand diamètre vers la base, est ordinairement aplati aux deux extrémités, renflé vers la queue, couvert d'un épiderme gris sous lequel se montrent des couleurs jaunes et rougeâtres. Cette peau est dure, rude, un peu cotonneuse. Dans l'état de maturité la chair de cette pomme abonde en eau sucrée relevée d'un goût acide très-faible et très-fin qui lui fait donner, par beaucoup de personnes, la préférence sur la reinette franche elle-même, à l'égal de laquelle elle se conserve très-longtemps.

### IV. *Reinette grise de Champagne.*

Cette pomme, à quelques petites exceptions près, semble se confondre avec la précédente : elle a la même bonté, la même forme, si ce n'est qu'elle est plus aplatie aux extrémités; sa queue est très-courte ; sa peau, d'un gris tirant sur le ventre-de-biche, est légèrement rayée de rouge comme le fenouillet; sa chair, cassante, sucrée, sans odeur, est fort agréable pour les personnes qui n'aiment point le goût un peu fort et acidulé des autres espèces de reinettes. La reinette grise de Champagne se conserve aussi fort longtemps.

### V. *Reinette grise de Grandville.*

On a prétendu faire une variété différente de cette pomme, qui présente absolument les mêmes caractères que la précédente; cependant on remarque qu'elle est la seule qui ait résisté, à Montlhéry, au grand froid de 1788 et 1789. Cette considération est faite pour lui mériter la préférence sur les autres reinettes grises, dont on cherche à multiplier les variétés, sans en avoir, jusqu'à présent retiré aucun avantage.

### VI. *Reinette rouge.*

Ses bourgeons sont un peu rougeâtres, pointillés, cotonneux; ses boutons sont allongés, pointus, et renflés vers leurs supports. Les fleurs de ce pommier, dont la végétation est vigoureuse, et qui produit beaucoup, sont larges et belles; son fruit, de grosseur plus que moyenne, est un peu raccourci et renflé vers la queue. La peau en est très-lisse, blanche ou jaune très-clair nuancé d'un beau rouge. Sa chair est ferme et abonde en eau légèrement acidulée. Il se conserve fort longtemps.

### VII. *Reinette de Canada.*

Cet arbre est vigoureux on peut juger de sa force par la grosseur de ses bourgeons et de ses boutons, qui offrent presque les mêmes caractères que ceux de la reinette rouge. Le fruit à une peau brillante, peu pointillée; verte d'abord, elle jaunit à l'époque de la maturité et se colore d'une teinte rouge au soleil. Sa chair est fine et d'un goût moins relevé que celle de la reinette franche. Cette espèce est la plus grosse de toutes.

### VIII. *Reinette d'Angleterre.*

L'arbre est vigoureux, il donne des bourgeons allongés

et gros, qui, bruns à l'ombre, rougissent au soleil, et sont fortement pointillés et cotonneux. Les boutons sont petits, plats, quoique d'une forme encore assez sphérique; leurs supports sont faiblement renflés. Les fleurs sont d'une médiocre grandeur et s'ouvrent assez bien, leurs pétales, froncés dans le bas, sont ovales et presque blancs en dedans, mais d'un rouge vif à l'extrémité. Les feuilles, à double dentelure, varient dans leur forme; il s'en trouve de presque rondes et d'autres très-allongées. Le fruit, remarquable par sa grosseur, est aplati à ses deux extrémités, et présente deux cavités profondes où se trouvent renfermés, pour ainsi dire, le calice et le pédicule. La peau, verdâtre, ordinairement pointillée, jaunit en mûrissant. La chair donne une eau abondante, mais d'un goût moins relevé que la reinette franche. Cette espèce se conserve une partie de l'hiver.

### IX. *Reinette de Bretagne.*

Ce fruit est de moyenne grosseur, de forme quelquefois aplatie, plus souvent allongée. Sa peau est rude au toucher, rouge foncé rayé de rouge-brun ou de rouge clair sur un fond jaune doré. Sa chair, ferme et presque cassante, donne une eau sucrée, médiocrement relevée d'un goût aigrelet; il se concerve rarement au-delà du mois de décembre.

### X. *Calville d'été ou passe-pomme d'automne.*

L'arbre est fort, ses bourgeons sont rougeâtres, pointillés, cotonneux, les feuilles sont petites et se terminent en pointe aux deux extrémités; les fleurs sont petites et n'ont rien de remarquable. Les boutons sont également petits et de forme aplatie, ainsi que leurs supports. Le fruit, ordinairement rond comme une orange, prend quelquefois une forme légèrement conique et relevé des côtés; coloré d'un rouge cerise du côté du soleil, il est d'un blanc de cire à l'ombre. Sa chair, grenue et légère, est rose et donne une eau d'abord trop acide, mais qui s'adoucit et devient agréable au goût lorsqu'il a atteint son entière maturité, en septembre ou octobre.

### XI. *Grosse calville d'été grosse passe-pomme.*

Cette belle pomme ne diffère de la précédente que par son volume, ayant souvent plus de deux pouces et demi de diamètre sur autant de hauteur, relevé de cinq côtes bien saillantes presque entièrement teintes d'un beau rose cerise ; sa chair est également de couleur rose.

### XII. *Calville rouge normand, vulgairement cœur-de-bœuf.*

Cet arbre est très-vigoureux et productif, ses bourgeons sont légèrement coudés à chaque nœud, brunâtres, pointillés et cotonneux ; ses boutons sont allongés, renflés ainsi que leurs supports, qui sont cannelés. Les fleurs sont grandes, panachées, d'un rouge plus foncé au dedans qu'au dehors. Les feuilles, dont la plus grande largeur est vers le milieu, sont longues, plus ou moins régulièrement dentelées, et se terminent en pointe. Le fruit est très-gros, un peu allongé, irrégulièrement arrondi ; sa peau est lisse, brillante, d'un rouge très-foncé ; sa chair est rougeâtre intérieurement, d'une eau acidulée dont le goût est assez agréable au temps de la maturité.

Il existe une seconde variété également surnommée cœur-de-bœuf, qui paraît être une dégénérescence du calville rouge normand, et dont le goût est très-médiocre. En général, on a donné cette dénomination de cœur-de-bœuf à des pommes d'un rouge pourpre foncé. Cette variété, du reste, a été peu décrite.

### XIII. *Calville rouge.*

Cette variété se confond avec la précédente et lui paraît préférable. Un peu plus ou un peu moins d'intensité de couleur sur la peau ou dans la chair, qui exhale une odeur de violette plus ou moins prononcée, suivant l'exposition qu'on lui donne, ne saurait suffire pour établir une ligne de démarcation.

### XIV. *Gros Calville rouge d'hiver.*

Ce pommier est peu touffu et porte mal ses branches. Le fruit est fort gros, allongé et d'une forme légèrement conique, lisse, relevé de côtes un peu saillantes. La peau, fortement colorée de rouge foncé, s'éclaircit au temps de sa maturité, et devient jaune d'un côté, de l'autre rouge-brun léger rayé de rouge-cerise et finement pointillé de jaune. Sa chair, fine, légère, grenue, quelquefois teinte de rouge sous la peau, est pleine d'une eau vineuse assez agréable. Cette pomme mûrit en novembre et se conserve jusqu'en mars. La culture de ce pommier est très-répandue dans toutes les pépinières d'Orléans. Il réussit très-bien greffé sur le pommier paradis pour donner des arbres nains.

### XV. *Calville blanc d'hiver.*

Ce pommier est à peu-près du même port que le précédent, son fruit a la même grosseur; sa queue est plantée dans une cavité large et profonde. Cinq côtes bordent l'encaissement de l'ombelle et s'étendent peu sur le fruit, dont la peau lisse est mi-partie d'un jaune clair et d'un jaune ambré; la partie exposée au soleil se colore assez souvent d'un rouge-brun. La chair est légère, grenue, fondante, un peu moins fine que la précédente et teintée d'une nuance rose vers l'ombilic; les loges séminales sont moins grandes que dans les autres espèces de calville; son eau est agréable et tient, pour la saveur, du goût de la calville et de la reinette. A Bourges, on la nomme reinette carrée ou calville à côtes. Elle mûrit en septembre et se garde jusqu'au printemps.

### XVI. *Postaphe d'hiver.*

Ses bourgeons sont d'un rouge foncé presque violet au soleil, brunâtre à l'ombre, légèrement pointillés de gris et cotonneux. Les boutons sont courts, à pointe obtuse, fort larges, ainsi que leurs supports. Les fleurs sont grandes, belles, bien ouvertes, presque blanches en dedans et légèrement teintées de rose en dehors. Les feuilles, fortement dentelées et ovales, se terminent en pointe, elles sont grisâtres en dessous. Le fruit est gros et un peu aplati aux deux extrémités. L'échancrure du calice est petite et enfoncée au milieu d'élévations qui sont le principe des côtes et se prolongent jusqu'à la base ; le pédicule est très-court, ce qui fait que souvent le bois exerce une compression sur le fruit. La peau de ce fruit est d'un pourpre foncé au soleil et plus clair à l'ombre. La chair est cassante, agréablement acidulée; en parfaite maturité, son goût est aussi agréable que celui de certaines reinettes. Cette pomme se conserve jusqu'au printemps.

### XVII. *Postaphe d'été.*

Le bois de ce pommier ressemble à celui du précédent; sa fleur est grande, mais elle s'ouvre peu. Son fruit est de moyenne grosseur, conique assez souvent, quelquefois cylindrique, d'un rouge plus clair que la calville, de laquelle il tient beaucoup pour la chair et le goût. Le plus souvent ce fruit n'a que quatre loges séminales ; il mûrit vers la fin d'août.

### XVIII. *Fenouillet gris anis.*

Cet arbre délicat est de grandeur médiocre et peu vigoureux. Ses bourgeons, fluets et cotonneux, sont d'un gris-brun et prennent une teinte rougeâtre au soleil. Les boutons sont comme ceux de la reinette jaune; les fleurs sont très-grandes, d'un rouge foncé en dedans et rose sur le bord des pétales, qui sont ovales et assez ouverts quoique froncés par le bas. Les feuilles, qui forment gouttière et se replient en arrière à leur principale nervure , sont petites, allongées et d'un vert foncé. Le fruit est petit, bien fait, rond, un peu renflé vers la queue, de couleur grise presque ventre-de-biche tendre, sucré et d'un goût parfumé. Il se conserve une partie de l'hiver, se ride, et finit par devenir cotonneux.

On a prétendu faire deux variété du gros et du petit fenouillet; mais il est très-facile de s'apercevoir que la différence qu'on a signalée pour ce dernier doit plutôt être rapportée à la production naturelle qu'à toute autre cause.

Duhamel fait observer qu'on trouve en Normandie, sous les noms de *gros* et de *petit retel,* deux pommes qui ressemblent fort au gros et au petit fenouillet; elles sont, de même que ce dernier, sans odeur, et se chargent ordinairement de verrues, elle ne se cotonnent pas et se conservent plus longtemps : elles sont, ajoute le même auteur, deux variétés du fenouillet, si elles ne sont pas le fenouillet lui-même, sur lequel le terrain seul produirait cette différence, qui, dans nos pays, l'a fait admettre comme une variété distincte.

### XIX. *Fenouillet rouge Bardin ou Badin, nommé par La Quintinie court-pendu.*

La vigueur de ce pommier contraste singulièrement avec la délicatesse du précédent; ses bourgeons sont d'une médiocre longueur, mais très-gros, d'un brun rougeâtre foncé, légèrement pointillés et cotonneux; les boutons couvrent presque la demi-circonférence du bourgeon, leurs supports sont également gros, renflés et cannelés. Les fleurs sont grandes, bien ouvertes, à pétales ovales, ridés au bas, colorés au haut d'un rouge vif à leur extrémité. Les feuilles, à nervures très-prononcées, sont grandes, allongées, pointues, dentelées et surdentelées. Le fruit ressemble assez au gros fenouillet, son pédicule est très-court, circonstance qui a sans doute engagé La Quintinie à nommer cette espèce *court-pendu*. La peau, d'un gris assez foncé, prend une teinte rouge au soleil. La chair, agréablement musquée, plus ferme, plus sucrée, et d'un goût plus relevé que la pomme d'anis se cueille un peu avant les gelées et ne se conserve que jusqu'à la fin de février.

### XX. *Fenouillet jaune drap d'or.*

Ce pommier, quoique annonçant peu de vigueur, produit assez abondamment. Ses bourgeons, qui s'allongent plutôt qu'ils ne grossissent, sont d'un brun rougeâtre, surtout du côté exposé au soleil, pointillés et cotonneux. Les boutons sont longs et plats comme leurs supports. Les fleurs sont grandes et d'un beau rouge en dedans; leurs pétales sont ovales, froncés dans le bas et liserés d'un rouge clair. Les feuilles sont médiocrement grandes, fortement dentelées et pliées en gouttière. Le fruit est d'une médiocre grosseur, de même forme que les autres fenouillets, d'un beau jaune brillant relevé d'une couleur gris-fauve très-légère qui se colore de rouge au soleil. Cette pomme se cueille en octobre et ne se conserve qu'un mois au plus.

### XXI. *Pomme d'or, gale pepin (gold pipin, suivant Miller, pipin des Anglais).*

Cet arbre est d'un bon rapport, quoique d'une hauteur

et d'une vigueur médiocres ; ses feuilles sont petites et ses fleurs s'ouvrent peu. Cette variété, qui a été classée de diverses manières par les auteurs, donne un fruit rond, couvert d'une peau luisante couleur d'or et légèrement pointillée de brun. Elle se cueille en même temps que la précédente et ne se conserve guère plus longtemps.

### XXII. *Pomme-poire.*

L'arbre est vigoureux , ses bourgeons sont forts , allongés, pointillés de gris-brun. Les boutons sont pleins, assez détachés du bois ; leurs supports sont saillans. Les fleurs sont médiocrement grandes, presque blanches et lavées d'un rouge tendre ; leurs pétales sont presque ronds et froncés vers l'onglet. Les feuilles sont grandes , presque rondes, légèrement dentelées et pliées en forme de gouttière. Le fruit est d'une grosseur médiocre , allongé, presque pointu vers le bas, ce qui rappelle la forme d'une poire. La peau, assez épaisse, jaune, légèrement pointillée, rougit un peu au soleil. La chair est grossière mais d'une eau assez parfumée. Elle mûrit comme la reinette.

### XXIII. *Pommier de Jardi.*

Les bourgeons sont forts, rougeâtres, pointillés et couverts d'un léger duvet blanc. Les boutons sont grisâtres, longs, renflés ainsi que leurs supports. Les fleurs sont petites, à pétales ovales, un peu concaves bordés de rouge-cerise plus foncé dans le calice. Les feuilles sont épaisses, presque rondes, peu dentelées et d'un vert foncé.

### XXIV. *Pomme de glace ou pomme des Chartreux.*

L'arbre est vigoureux ; ses bourgeons sont forts, droits, rougeâtres, et très-pointillés. Ses boutons sont allongés et renflés, ainsi que leurs supports. Les feuilles sont grandes, assez rondes, épaisses, d'un vert foncé, à nervures saillantes. Les fleurs sont petites et d'un beau rouge. Le fruit est fort allongé et à côtes, il se colore de rouge au soleil, et ne se conserve pas longtemps. Cette pomme paraît être une variété de la calville blanche, tant sous le rapport de la couleur que sous celui du goût.

### XXV. *Pomme glace transparente.*

L'arbre est très-vigoureux et fécond, surtout en plein vent, lorsqu'il n'est point taillé. Les bourgeons sont gros et allongés, d'un gris rougeâtre, pointillés de brun, et cotonneux. Les boutons sont petits, pointus, grisâtres, assez renflés vers la base, ainsi que leurs supports. La fleur est médiocrement grande et ne se trouve pas entière ; ses pétales sont de forme ovale et bordés de rouge vif. Les feuilles sont presque rondes, se terminent en pointe et se replient ordinairement en gouttière. Le fruit est gros, son plus large diamètre est vers le pédicule ; sa peau est verdâtre et blanchit en mûrissant ; elle jaunit peu, exepté vers la partie exposée au soleil, où elle se colore également de rouge par petites places. La chair est très-blanche, et, par intervalle, elle présente des taches d'un vert-gris, qui tranchent de manière que ces parties semblent glacées. Ce fruit, dont l'eau est acide, ne se mange guère que cuit, pour en affaiblir la verdeur.

Lorsque l'époque de sa maturité est passée, cette chair n'a plus aucune saveur et devient dure. L'arbre produit beaucoup.

## XXVI. *Pomme de Jérusalem.*

Les caractères de cet arbre se rapprochent beaucoup de ceux du pigeonnet. Le fruit est plus gros, allongé, et se termine en pointe obtuse vers l'échancrure du calice, qui est petit et presque à fleur. La peau est très-fine, unie, brillante, et d'une belle couleur cerise, du côté du soleil, à l'ombre elle est souvent blanche. La chair est très-blanche à l'intérieur et souvent rougeâtre sous la peau. Cette espèce est une des meilleures pour la cuisson; elle est agréable aussi à manger crue, mais il faut attendre pour cela qu'une entière maturité en ait affaibli l'acidité. Cette pomme peut se conserver jusqu'au mois d'avril.

## XXVII. *Passe-pomme blanche.*

L'arbre, d'une taille médiocre, est vigoureux et fécond. Le fruit, petit, de forme un peu conique relevée de cinq côtes d'un beau rouge foncé et blanc de cire lavé en partie de rouge clair. Son pédicule est menu et long de six à huit lignes. Sa chair, prompte à se cotonner, un peu sèche et d'un goût assez relevé au temps de sa maturité, se colore légèrement de rouge autour des loges séminales, et du côté du soleil. Cette pomme mûrit à la fin de juillet et s'emploie en compote; on peut la laisser sur l'arbre jusqu'au mois de septembre, et, cueillée à cette époque, elle se conserve encore longtemps.

### XXVIII. *Passe-pomme rouge.*

Le bois de ce pommier est à peu près comme celui du précédent. Les feuilles et les fleurs sont grandes. Le fruit est bien fait, raccourci, lavé de rouge léger et d'un beau rouge vif, prompt à se cotonner, d'un goût agréable mais peu relevé. A l'époque de sa maturité, au mois d'août, sa chair se teint en rouge, et sert à faire des compotes.

### XXIX. *Passe-pomme d'automne, communément pomme d'outre-passe ou général.*

L'arbre est fort, ses bourgeons sont rougeâtres, pointillés et cotonneux. Les fleurs sont petites et n'ont rien de remarquable. Les boutons sont également petits et aplatis, ainsi que leurs supports. Les feuilles sont de grandeur médiocre et se terminent en pointe aux deux extrémités. Le fruit est rond, il a la forme d'une orange; l'ombilic fait presque saillie, et le pédicule plonge dans une cavité située au centre de petites côtes. La chair est blanche et jaunit en mûrissant. Cette pomme se cueille au mois d'octobre et peut se conserver.

### XXX. *Grosse pomme noire d'Amérique.*

Les bourgeons de cet arbre sont gros et allongés, d'un gris-vert très-fin, et pointillés de blanc. Les boutons sont presque plats, ainsi que leurs supports. Les feuilles, qui sont grandes, arrondies, épaisses, légèrement et irrégulièrement dentelées, se terminent en pointe obtuse. Les fleurs sont médiocrement grandes et placées intérieurement; leurs pétales sont ovales, un peu froncés vers l'onglet. Le fruit, d'une grosseur ordinaire, est arrondi et recouvert d'une peau de couleur violet-brun; sa chair est grossière et a peu de saveur. Cette pomme se ceuille vers la fin de septembre.

### XXXI. *Pomme noire.*

Cette pomme n'est qu'une sous-variété de la précédente. On ne la recherche que par curiosité.

### XXXII. *Pomme d'api noir.*

Cette variété a des caractères communs avec l'api ordinaire, dont on va bientôt parler, et lui est préférable, même sous les deux rapports du goût et de la durée de la conservation.

### XXXIII. *Pomne d'api (petite.)*

Ce pommier qui, dans certains pays, pousse d'ordinaire un bois long, prend en plein vent une forme pyramidale et produit beaucoup. Ses bourgeons sont fluets, assez allongés, d'un gris foncé, pointillés de brun-violet foncé. Les boutons sont gros et renflés, ainsi que leurs supports. Les fleurs sont médiocrement grandes, peu ouvertes, à pétales arrondis et concaves panachés extérieurement de rouge pâle, et intérieurement d'un rouge plus foncé. Les feuilles, dentelées et surdentelées, sont petites et pointues; quelques-unes ont le pédicule rouge. Le fruit est petit, écrasé, son ombilic est profondément enfoncé. Sa peau est fine et éclatante, d'un rouge un peu foncé au soleil, à l'ombre elle est d'un vert jaunâtre. La chair en est cassante, agréable et d'une eau très-douce.

### XXXIV. *Pomme d'api (grosse) ou pomme rose.*

Les caractères de cet arbre sont les mêmes que ceux du précédent, dont il ne peut être qu'une sous-variété. Les deux fruits, en effet, ne diffèrent que par la grosseur, car sous les autres rapports de la pousse, de la maturité et de la conservation, ils jouissent des mêmes qualités.

### XXXV. *Api à long bois.*

Le bois de ce pommier est à peu-près comme ceux des précédens. D'une hauteur médiocre, il pousse des bourgeons droits et longs et porte bien ses branches. Dans les terrains secs, il devient sujet aux chancres. Les feuilles sont petites et allongées. Le fruit est petit, raccourci, lisse, brillant, d'un jaune très-pâle, presque blanc à l'ombre, et d'un beau rouge éclatant, du côté du soleil. La chair est sans odeur et presque sans saveur, mais d'une fraîcheur très-agréable. Cette jolie pomme se conserve jusqu'au mois d'avril et quelquefois jusqu'en mai.

### XXXVI. *Rambourg franc.*

Cet arbre est aussi productif que vigoureux; ses bourgeons sont forts, d'un brun tirant sur le violet, pointillés, et très-cotonneux. Les boutons sont gros et renflés, ainsi que leurs supports, qui sont légèrement cannelés. Les pétales des fleurs sont ovales, froncés à leur base et liserés de rouge clair. L'intérieur du calice est d'un rouge plus vif. Les feuilles, portées sur un long pédicule, sont grandes, allongées, épaisses, velues et ont une dentelure double et profonde. Le fruit est très-gros et plus large que long; il a souvent des côtes assez marquées, le pédicule qui le porte est court et enfoncé dans une cavité assez profonde. La peau jaunit à l'époque de la maturité, et se colore alors d'un rouge clair. Cette pomme, dont le goût est très-acide, n'est bonne que cuite; trop mûre elle devient fade. On la cueille vers le mois de septembre, et elle ne se conserve pas longtemps, en comparaison des autres espèces.

### XXXVII. *Rambourg d'hiver.*

Les caractères de cette variété se rapportent assez à ceux du rambourg franc. Son fruit est en général plus gros dans le même terrain, et fort aplati. L'échancrure du calice est petite et communément peu ouverte. La peau est lisse, d'un vert jaunâtre à l'ombre, avec des raies et des taches rouges; du côté du soleil elle est rayée et pointillée d'un rouge foncé. Sa chair est d'un blanc légèrement verdâtre. Son eau est âcre. Cette pomme, qui est bonne à cuire, se conserve, avec des soins toutefois, jusqu'au printemps.

### XXXVIII. *Pomme violette.*

C'est un des pommiers dont les bourgeons sont coudés; leur écorce est d'un gris verdâtre qui passe au rouge-brun, dans les parties exposées au soleil; ils sont pointillés de gris et très-cotonneux. Les boutons, portés par des supports gros et saillans, sont plats et larges. Les fleurs seraient grandes si elles s'ouvraient bien; leurs pétales sont ovales et concaves, presque blancs en dedans, et légèrement teints de rose en dehors. Les feuilles sont ovales, à double dentelure. Le fruit est de moyenne grosseur, allongé comme la pomme de pigeonnet. Sa peau est luisante et jaune à l'ombre; au soleil elle prend une teinte rouge foncée. La chair est cassante comme celle du calville, dont elle a en partie le goût. Dans certains terrains elle a une odeur de violette; elle se conserve une partie du printemps.

### XXXIX. *Pomme Saint-Germain.*

Les bourgeons de cet arbre sont d'un châtain rougeâtre au soleil, pointillés et cotonneux. Les feuilles sont légèrement panachées de jaune. Cette espèce n'est considérée que comme arbre d'agrément; beaucoup d'horticulteurs n'en connaissent point encore le fruit.

### XL. *Pomme étoilée ou pomme d'étoile.*

L'arbre est d'une médiocre vigueur et se rapproche de l'api par plusieurs caractères et par la petitesse de son fruit, dont la peau est également lisse, mais dont les couleurs sont moins vives et la chair moins délicate et d'un goût acerbe. Ce fruit présente dans sa configuration cinq côtes régulièrement formées, ce qui lui a sans doute fait donner le nom de pomme étoilée. Il se conserve très-longtemps.

### XLI. *Capendu ou court-pendu.*

Les bourgeons sont effilés, d'un gris brunâtre rougissant obscurément au soleil. Les boutons sont petits, courts, larges et portés par des supports plats et cannelés. Les fleurs sont grandes, leurs pétales sont ovales, concaves, presque blancs au dedans du calice et lavés d'un rouge pâle au dehors. Les feuilles sont larges vers le bout et se terminent en pointe obtuse du côté du pédicule. Le fruit est à peu près de la grosseur d'un api, aplati vers le pédicule, qui plonge dans une cavité profonde, ainsi que l'ombilic. Très-souvent cette queue du fruit est très-courte et à peine visible à l'œil ; la pomme alors s'appuie pour ainsi dire sur le rameau, ce qui lui a fait donner le nom de court-pendu, et par corruption capendu. Sa peau est d'un rouge foncé au soleil et d'une couleur plus claire à l'ombre ; elle est pointillée de rousseurs qui la pénètrent assez avant. La chair, est sous la peau, légèrement veinée de rouge, d'un goût acide comme celui des reinettes, mais moins agréable. Elle se conserve tout l'hiver.

### XLII. *La bien-venue.*

C'est une variété qui mérite d'être cultivée avec soin, aussi bien que la précédente, soit pour le décors des desserts, soit pour en faire d'excellente boisson. Ses bourgeons sont d'un gris-jaune pointillé de blanc ; ses boutons sont courts et renflés, ainsi que leurs supports. Les fleurs sont grandes, bien ouvertes, à pétales presque ronds, panachés d'un rouge pourpre. Les feuilles sont grandes, presque coudées, très-veloutées en dessous et finement dentelées. Le fruit est très-rond, toujours vert, excepté dans la partie exposée au soleil où il se colore d'un rouge éclatant. La chair, légèrement fondante, est d'un blanc verdâtre, d'une eau abondante, agréablement acidulée. Cette pomme se cueille en septembre.

### XLIII. *Pomme male-Carle.*

Cette espèce est ainsi nommée, parce qu'on prétend que Charlemagne l'avait fort en estime.

Le fruit est peu connu des horticulteurs; il est cependant très-certain que du bourgeon de cette espèce fut envoyé de Turin à la pépinière nationale du Luxembourg, en 1790. On prétend que cette pomme est de la grosseur des reinettes, et que sa qualité distinctive est d'être fondante comme nos poires de beurré ou de doyenné.

### XLIV. *Pomme-figue, communément pomme d'Adam.*

On a donné ce nom à deux variétés de pommes qui ne peuvent plaire que sous le rapport du coup-d'œil.

La pomme-figue est remarquable en ce qu'elle fait exception à toutes les autres variétés du pommier. Le fruit qui en provient sort spontanément d'un bouton, sans aucune apparence de fleurs. Comme toutes les variétés que l'on veut soustraire à la dégénération, ce pommier ne peut se propager qu'au moyen de la greffe. Ce fruit, qu'on a surnommé pomme d'Adam, est d'un vert jaunâtre, d'une médiocre grandeur, rond, moucheté comme la reinette hâtive, et d'un goût plus aigre. Son bois et sa feuille ressemblent assez à ceux de la reinette franche dont le bois grisâtre est un peu cotonneux, ainsi que la feuille.

Une seconde variété, connue également sous le nom de pomme-figue, a les bourgeons courts, gros, verdâtres, coudés et extrêmement cotonneux. Les boutons sont très-rapprochés, nombreux, renflés, ainsi que leurs supports; les fleurs sont en bouquet, à pétales irréguliers, inégaux et velus. Les feuilles sont étroites, pointues, à fortes nervures. Le fruit est petit, allongé, mal conformé, vert jaunâtre à l'ombre, légèrement fouetté de rouge au soleil. La chair a un goût âpre et sauvage.

### XLV. *Princesse noble.*

L'arbre est beau et vigoureux, ses bourgeons sont rouges, pointillés et lisses. Les boutons sont courts, petits, grisâtres, renflés, à supports saillans légèrement cannelés. Les fleurs sont grandes, à pétales un peu concaves, d'un rouge clair au bord et foncé en dedans. Les feuilles sont longues, peu uniformément dentelées. Le fruit est assez gros, allongé; son plus grand diamètre est vers la base, où son pédicule se trouve enfoncé dans une cavité profonde. La peau est luisante, pointillée de brun, et jaunit en mûrissant. L'eau est d'un goût agréable, acidulé comme celui d'une bonne reinette, dont cette pomme est une variété; elle se conserve une partie de l'hiver.

### XLVI. *Haute-bonté.*

Les bourgeons de cet arbre sont longs, gros, d'un vert clair brunissant au soleil, pointillés et cotonneux ainsi que les boutons, qui sont allongés, pointus et portés sur des supports peu saillans. Les fleurs ressemblent assez à celles de la reinette franche. Les feuilles sont grandes, allongées, à double dentelure, à nervures assez saillantes, et repliées en forme de gouttière. Le fruit est assez gros, aplati à ses extrémités, raccourci; son plus grand diamètre est vers le base, où le pédicule est gros et enfoncé; sa contexture extérieure présente des côtes qui commencent à l'échancrure du calice, enfoncé lui-même au milieu des élévations que forme la naissance de ces côtes. La peau, fine, brillante, lisse et d'un vert gai, quelquefois légèrement lavée de rouge tendre, jaunit à l'époque de la maturité. La chair est d'un blanc légèrement teinté de vert. Cette pomme se conserve une partie du printemps.

En parlant des variétés, il a été nécessaire de faire la part des exagérations qui existent dans les noms qu'on leur a donnés. En effet, la variété qui suit et qu'on a surnommé *non-pareille*, est cependant d'une qualité bien inférieure à la reinette franche; il en est de même de celle nommée *haute-bonté*, que Duhamel, Miller et tous les amateurs déclarent être d'un goût aigre et vif, moins fin, moins agréable que celui des autres reinettes.

### XLVII. *Non-pareille.*

Ses bourgeons sont allongés, pointillés, grisâtres, bruns au soleil. Les boutons sont saillans, pleins, larges, ainsi que leurs supports. Les fleurs sont grandes, peu colorées en dedans, et d'un rouge vif en dehors, vers les bords des pétales, qui sont fort longs. Les feuilles, peu dentelées, larges au milieu, se terminent en pointe obtuse. Le fruit est gros et un peu aplati; sa peau, d'un vert jaune, colorée de rouge au soleil, est pointillée de rouge-brun. La chair de ce fruit est fine, d'une eau plus acide que la reinette franche; on peut la conserver longtemps, et elle mûrit dans les fruitiers en février et mars.

### XLVIII. *Pomme de Châtaignier.*

Les bourgeons sont d'un gris roussâtre rougissant au

soleil, très-pointillés et cotonneux. Les boutons sont courts, renflés et larges, ainsi que leurs supports. Les fleurs sont petites, d'un rouge vif en dedans et panachées d'un rose léger en dehors; leurs pétales sont presque ronds, froncés au bas et concaves. La forme des feuilles varie soit pour la longueur, soit pour la dentelure. Le fruit est médiocrement gros, aplati, d'un beau rouge au soleil, et panaché de raies rouges et blanches à l'ombre. La chair est cassante, et d'une eau relevée et agréable. Cette pomme se conserve une partie de l'hiver.

### XLIX. *Pomme Madeleine*.

Cette pomme est très-connue à Bourges, et nommée ainsi à cause de sa maturité qui a lieu à la fin de juin. L'arbre est très-vigoureux : en plein vent il s'élève à une assez grande hauteur. Ses bourgeons sont d'un gris de lin farineux et brunissent au soleil. Les boutons sont renflés et couverts de duvet. Les fleurs sont assez grandes, d'une belle couleur rose, dans l'intérieur, et d'un rouge pâle en dehors. Les feuilles sont grandes, larges, presque ovales, à nervures prononcées. Le fruit est d'une grosseur ordinaire, bien rond, d'un rouge luisant, marqueté de taches blanches dans le sens de la longueur de la pomme. La chair est cassante, quelquefois cotonneuse, mais le plus souvent d'une eau abondante et très-parfumée. Cette pomme est très-sujette aux attaques des vers.

### L. *Cousinotte* ou *Cousinette*.

Cette pomme, nommée improprement, dans certains pays, *passe-pomme blanche*, a été mentionnée par Jolyclère. Sa précocité n'a rien de recommandable à une époque où l'abondance et la qualité des fruits rendent les consommateurs difficiles. L'arbre, quoique petit, est vigoureux et fécond. Ses bourgeons sont allongés; les boutons, qui présentent une forme aplatie, sont cotonneux et d'un vert-gris. Les fleurs sont panachées de rose et presque blanches extérieurement. Le fruit, qui a la forme d'un cône tronqué vers le haut, est petit et présente cinq côtes bien prononcées. La peau est blanche et colorée sur les côtes de rouge foncé, surtout au soleil. La chair est d'un goût très-médiocre; elle mûrit au mois de juillet.

### LI. *Pomme d'Audent.*

L'arbre est très-vigoureux; ses bourgeons sont longs, de couleur gris de lin, légèrement pointillés. Les boutons, de couleur gris-blanc, se détachent du bois et sont portés sur des supports saillans. Les feuilles, pointues à l'extrémité, sont d'un vert foncé. Le fruit est allongé, d'un vert rougeâtre, presque pourpre au soleil. Cette pomme mûrit à la fin de juillet.

### LII. *Pomme Saint-Julien.*

Les bourgeons de cette espèce sont forts, gros et allongés. Les boutons sont cotonneux et d'un gris brunâtre. Les fleurs sont panachées de rose en dehors et d'un rouge vif en dedans. Les feuilles sont fort grandes, communément repliées en gouttière et fortement dentelées. Le fruit est assez gros, allongé, d'un vert-rouge qui devient plus foncé au soleil. Cette pomme mûrit au mois de septembre.

### LIII. *Pomme Lansel, improprement appelée pomme de Gamache.*

M. Calvel, dit, dans son *Traité sur les Pépinières*, qu'il découvrit cette pomme en traversant la forêt de la Bosse, située dans le département de l'Oise, à environ trois lieues de Gisors. La beauté de ce petit fruit, qui était de la grosseur et qui avait l'éclat d'un bel api convenablement exposé au soleil, le séduisit; il en mangea un dont il trouva la chair très-parfumée, sucrée et d'un goût très-agréable. Ayant pris du bourgeon de cette espèce nouvelle, il la multiplia à Gamache (Somme), d'où, sans doute, elle a tiré son surnom. On est parvenu, au moyen de la culture, à donner à cette pomme une grosseur double de celle qu'elle avait primitivement; elle mûrit dans le mois de septembre, et se conserve toute l'année, sans se rider, avec le même éclat.

Les bourgeons de ce pommier sont d'un brun rougeâtre, pointillés et cotonneux. Ses boutons sont renflés et portés par des supports assez petits. Les feuilles sont presque rondes. Les fleurs sont parsemées, surtout en dedans, de veines d'un beau rouge. Le fruit est rond et aplati dans le sens de sa hauteur. L'échancrure du calice est enfoncée dans une cavité assez profonde, ainsi que le pédicule, qui est très-court. La peau est luisante et d'un beau rouge pourpre au soleil.

### LIV. *Pomme museau-de-lièvre.*

L'arbre est robuste, mais ses branches sont un peu pendentes: ses rameaux sont verdâtres, et légèrement pointillés. Les boutons sont aplatis, gris, cotonneux. Les fleurs sont petites et peu ouvertes; leurs pétales sont d'un rouge foncé en dehors. Les feuilles sont allongées et pointues, en forme de lance. Le fruit, dont la longueur atteint presque le double du diamètre de la grosseur, est d'un rouge vif et présente souvent des bandes ou stries blanches. Cette pomme se cueille dans le mois de septembre et se conserve longtemps.

### LV. *Pomme pigeonnet.*

L'arbre n'annonce pas en général une grande vigueur, et cependant il produit beaucoup. Ses bourgeons sont coudés, brunâtres et prennent une teinte rouge au soleil; ils sont cotonneux et légèrement pointillés. Les boutons, d'une couleur rouge tendre, sont portés par des supports renflés. Les feuilles, dentelées et surdentelées, sont étroites, longues, un peu recourbées en forme de gouttière. Le fruit est d'une médiocre grosseur, presque rond, mais son plus grand diamètre est vers le pédicule. La peau est d'un rouge vif rayé de blanc jaune; sa chair est agréablement acidulée et parfumée. Cette pomme se conserve rarement jusqu'à la fin de novembre.

### LVI. *Pomme douce ou doux à trochets.*

Cet arbre est très-productif, dans un bon terrain. Les bourgeons, légèrement pointillés de gris, sont verdâtres et rougissent dans les parties exposées au soleil. Cette espèce est une de celles dont les boutons sont le plus rapprochés; ils sont petits, peu renflés, ainsi que leurs supports. Les fleurs sont grandes, d'un rouge foncé en dedans; les pétales, de forme ovale, sont panachés de rose sur les bords et en dedans. La plus grande largeur des feuilles est dans le milieu, d'où elles vont en diminuant vers les extrémités. Le fruit est gros dans le bas, et va également en diminuant vers l'extrémité supérieure, où se trouve l'échancrure du calice, qui est peu enfoncée, et entourée de petites bosses ou côtes. La peau, qui est lisse et verte, assez généralement, blanchit et jaunit un peu à l'époque de la maturité du fruit; elle se colore quelquefois d'un rouge-brun au soleil. Cette pomme se cueille aux gelées, vers le mois de novembre.

### LVII. *Pomme douce au vêpes.*

Cette pomme, de grosseur médiocre, de forme le plus souvent sphérique, est aplatie à ses deux extrémités. La peau est fine, ferme, d'un jaune pâle, quelquefois verte, à l'exception du côté exposé au soleil, qui prend une teinte jaune-orange légèrement marbrée de rouge et pointillée de rouge foncé. La chair est blanche, quelquefois jaune, fort tendre et fondante. L'eau, peu abondante, est très-douce, quelquefois relevée d'un petit goût d'amertume assez agréable. Elle mûrit à la fin de septembre et se conserve jusqu'en mars; elle est fort souvent attaquée des guèpes, qui la vident entièrement et ne lui laissent que la peau.

### LVIII. *Pomme grosse-douce au vêpes.*

Cette pomme est une sous-variété des deux précédentes et n'en diffère que sous le rapport du volume, qui est beaucoup plus considérable. Les arbres de cette espèce deviennent rarement forts et grands; leur bois est long, faible et menu; ils rapportent beaucoup et sont d'un produit certain, parce qu'ils jouissent de la faculté de pousser de nouvelles fleurs, en nombre moins grand, il est vrai, lorsque les premières ont été détruites par les intempéries de la saison ou par les froids tardifs.

LIX. *Pomme lanterne ou sans pepin.*

Cette pomme est grosse et très-allongée; elle a souvent onze centimètres de longueur sur six centimètres de diamètre; elle est un peu plus grosse vers la queue qu'à la tête, et bien arrondie dans le sens de sa largeur. La peau est lisse, lavée de rouge, semée de raies foncées du côté du soleil, et quelquefois aussi jaune rayé de rouge à l'ombre. La chair est grenue, comme celle de la calville, mais moins fine et d'un blanc lavé de vert. Son eau a un goût aigrelet assez agréable. Cette pomme, qui peut se manger crue, est fort bonne cuite et se garde longtemps. Les loges séminales manquent dans ce fruit et sont remplacées par une cavité de forme pentagone terminée en pointe aux deux extrémités, dont le diamètre en largeur excède le tiers de la grosseur; les parois de cette cavité sont formées par une membrane tendre et d'une consistance de parchemin, tapissée d'une espèce de filigrane.

LX. *Pomme blanc d'Espagne.*

Ce pommier qu'on nomme, dans les environs de Bourges, reinette d'Espagne, est de plein vent, dans nos vergers, où il parvient quelquefois à une hauteur de quarante pieds. Son fruit, d'un diamètre de neuf centim[s]. environ est arrondi quoique anguleux; sa queue, grosse et fort courte, est plantée dans une cavité peu profonde dont le rebord est formé par la naissance de plusieurs côtes fort saillantes, qui vont en diminuant jusqu'au milieu du fruit. La peau, lisse, d'un vert très-clair, presque blanc, devient d'un jaune clair lors de la maturité, à l'exception de la partie exposée au soleil, qui prend une couleur rouge parsemée de points et de petites taches d'un rouge plus vif. La forme de ce fruit est quelquefois raccourcie, et n'a guère que sept centimètres de hauteur, tandis qu'elle offre un diamètre de près de onze centimètres. La chair n'a point la fermeté de la reinette, elle est légère et devient sèche et cotonneuse, dans son extrême maturité; son eau abondante est relevée d'un goût aigrelet; cette pomme peut se manger crue, mais il convient mieux de la soumettre à la cuisson.

### LXI. *Pomme royale d'Angleterre à trochets.*

Les bourgeons de ce pommier sont forts, rougeâtres, bruns dans les parties exposées au soleil, pointillés et légèrement cotonneux. Les boutons sont grisâtres, gros, renflées, portés par un support large et aplati. Les fleurs sont petites et d'un rouge foncé intérieurement; les pétales, ovales, allongés, sont panachés de rose sur les bords et en dehors; ils sont quelquefois au nombre de six ou huit à chaque fleur. Les feuilles sont larges, épaisses, fortement dentelées. Le fruit est gros, mal conformé, plus renflé d'un côté que de l'autre, avec des bosses et des irrégularités. La peau, qui jaunit à l'époque de la maturité, a quelques taches brunâtres et se colore d'une légère teinte de rouge au soleil. La chair est fine mais d'un goût aigrelet, même lorsqu'elle est entièrement mûre. Cette pomme se conserve une partie de l'hiver. On ne devra point la confondre avec la variété dont il est parlé plus haut dans cette nomenclature, au numéro VIII.

### LXII. *Reinette rousse des Carmes.*

Ses bourgeons sont rougeâtres, pointillés, cotonneux. Les boutons sont allongés, pointus et plats à leur point extrême; leurs supports sont médiocrement renflés. Les fleurs sont grandes; leurs pétales sont concaves et s'ouvrent difficilement. Les feuilles sont grandes, presque rondes. Le fruit parvient à une grosseur remarquable, dans une bonne exposition; sa peau, parsemée de points brunâtres, jaunit en mûrissant. La chair, blanche, fine, d'une eau abondante, agréablement acidulée, a un goût assez fin, à l'époque de la maturité, qui est plus ou moins avancée, suivant l'exposition du terrain. Cette pomme se conserve une partie de l'hiver.

### LXIII. *Pomme douce d'Angers.*

Cette variété de pommier donne un fruit d'un vert roussâtre du côté exposé au soleil; sa chair d'une couleur très-blanche, est relevée d'un goût acide fort doux. Ce fruit se conserve très-longtemps.

### LXIV. *Pomme sucrin.*

Ce fruit est de forme aplatie; sa peau est d'un vert

clair; la chair en est fine et agréablement aromatisée. L'arbre est vigoureux et de première grandeur.

### POMMIERS D'AGRÉMENT.

#### I. *Pommier* à *bouquet* ou *de la Chine.*

Les fleurs de cet arbre sont semi-doubles; elles produisent des fruits très-petits, qui sont mangeables, si l'on a le soin de les faire mûrir sur la paille ou sur les tablettes d'un fruitier. Toute la beauté de cette variété consiste dans la couleur de ses boutons qui sont d'un beau rouge carmin et dont on peut retarder longtemps la floraison en choisissant une exposition à l'ombre. Les fleurs, qui s'épanouissent en mai, sont fort grandes, et d'une couleur blanche lavée de rose.

#### II. *Pommier toujours vert de l'Amérique septentrionale.*

Cette variété n'est qu'un arbrisseau dont les feuilles persistantes sont ovales, allongées et profondément incisées. Vers le mois de mai, paraissent les fleurs, disposées en bouquets, d'un rose carminé, rattachées aux rameaux par une queue assez longue, et qui, avant de s'épanouir prennent une couleur blanche. Le fruit est très-petit et d'un goût acerbe.

#### III. *Pomme groseille.*

Cette variété tire son nom de la forme et de la couleur de son fruit, qui n'excède pas la grosseur d'une groseille ordinaire. Les fleurs, disposées en ombelle, sont d'un blanc pur, et très-odorantes. On multiplie cette pomme par les semis ou la greffe sur le pommier paradis.

### IV. *Pommier baccifère ou de Sibérie.*

Les fleurs de ce pommier sont plus grandes que celles du précédent; elles viennent en bouquets, et sont supportées par une longue queue, elles exhalent une odeur fort agréable; les fruits auxquels elles donnent naissance sont petits et ronds.

### V. *Pommier à feuille d'Aucuba.*

Les feuilles de cet arbre sont assez larges et marquées de taches jaunes comme les feuilles de l'aucuba. Ce pommier semble ne végéter qu'avec peine ; il est peu cultivé.

### VI. *Pomme-cire ou de Virginie.*

Cet arbre, par ses feuilles et son bois, ressemble beaucoup à un poirier; ses rameaux sont jaunes et pointillés de petites taches que l'on prendrait pour des grains de sable. Les feuilles sont très-larges, un peu dentelées et velues en dessous. Greffée sur sauvageon, cette espèce acquiert une grande élévation et donne une grande quantité de fruits de la grosseur d'une cerise et dont la configuration présente quelques petites côtes. Ce fruit peut faire de très-bon cidre et se conserve pendant près d'une année.

### VII. *Pommier paradis.*

Cet arbre, qui est mal fait, reste toujours nain et rabougris, son fruit ne se mange pas, et ne saurait même servir pour le décors, mais il est très-utile aux pépiniéristes pour obtenir ce qu'en termes du métier ils nomment des *mères*.

### VIII. *Mères de pommiers paradis.*

Pour obtenir ces *mères*, on devra planter, à trois pieds de distance, du plan de pommier paradis de deux ans; on coupe ce jeune plan près de terre et on le butte autour du pied; il en sort de jeunes rameaux. L'année suivante on déchausse la butte, on éclate le jeune plan enraciné et même celui qui ne présente qu'un simple bourrelet, cette condition suffisant pour permettre la transplantation en pépinière, où l'on devra l'espacer à quarante centimètres environ, pour le pouvoir greffer soit en écusson à œil dormant, soit en fente, en pied de biche ou en sifflet. Ce plan, ainsi greffé, pourra dans toute espèce de jardin, servir au décors des plates-bandes. En principe général, les pommiers nains greffés sur paradis doivent être plantés dans les intervalles des quinconces formés par les quenouilles. On ne devra point trop enterrer ces pommiers nains; il est nécessaire de dégager l'écusson qui, dans tous les cas, doit rester hors de terre; car, s'il en était autrement, la greffe prendrait racine, et l'arbuste ne pousserait que du bois sans produire de fruit. En bêchant les plates-bandes, il faut avoir le soin de former un petit bassin au pied de chaque pommier, et, si l'on aperçoit quelques racines poussées par l'écusson, il faudra les retrancher avec le plus grand soin.

## NOMENCLATURE

### DES MEILLEURES VARIÉTÉS DE POMMES A CIDRE.

---

| | |
|---|---|
| Frinquin blanc. | Reine douce. |
| Charlotte. | La rousse. |
| Jaunet. | La roussette. |
| Noyer. | Le pepin. |
| Marinofflé. | Doux Veret. |
| Beurré. | Le marron. |
| Coqueret. | Doux Rété. |
| Bursure. | Blanc Duret. |
| Cœur d'âne. | Le Blangi. |
| Redondelle. | Le Cateleu. |
| L'orgueil. | La Tartare. |
| Couronne rouge. | La redant. |
| Ecarlate. | La petite chope. |
| Muscadet. | Gros Adam. |
| Besnard. | Long bois. |
| Bedan:e. | La goronette. |
| Blanc Molé. | L'ambrette. |
| Courte-queue. | La ragniole. |
| Gros Barbarie. | La bosset. |
| Haut bois. | La Pausse. |
| Rouge bruyère. | La Germain. |
| Ecarlatine. | Petit amer doux. |
| Doux évêque. | Gros amer doux. |
| Pied de cheval. | Le mont de Bailleul. |
| Gros coq. | Le gros. |
| Le cueillé. | Le Braslin. |
| Le plié. | Le hâleux. |
| L'ante au gros. | Le rebois. |
| Le bon valet. | Le Fresquin. |
| Saint-Bazile. | La Vanne. |
| L'amer vineux. | Le petit moulin. |
| Le galopin. | La roquette. |
| Rambouillet. | Bédargue. |
| Marie Homfroy. | Chaudière. |

Binet.
Ozanne.
Hauriveau.
Douce Morel.
Sonnette.
Brebis.
Douce claire.
Œillet.
Bouteille.
Goigonnet.
Renouvelet.
Bridelle.
Dardury.
Noble de Normandie.
Frangé doux.
Couronne jaune.
Rouget.
Marie la douce.
Peau de vache.
L'alouette rousse.
L'alouette blanche.
Lacoste.
Haute blanche.
Dameret.
Le chien.
La douvesée
Gros Mouset.
Petit râlé.
Petit manoir.
Saint-Georges.
Bonne brassée.
Franché sûr.

# TABLE DES MATIÈRES.

www.ingramcontent.com/pod-product-compliance
Ingram Content Group UK Ltd.
Pitfield, Milton Keynes, MK11 3LW, UK
UKHW020959180726
13838UKWH00003B/1395